小小牛顿 科学启蒙
—大百科—

我们的地球家园

牛顿出版股份有限公司 / 编著

宝贵的
地球家园

外语教学与研究出版社
北京

我们的地球家园

想一想，我们住的地球是什么样子的呢？

我想地球应该长得和智多星一样！

我觉得地球就像一块蛋糕，上面有很多好吃的东西！

给父母的悄悄话：

现在的孩子了解丰富的科学知识，可是这些知识却不是孩子自己从怀疑、观察、实际体验中获得的。这个故事并没有介绍深奥的知识，而是引导孩子讨论想象中的地球，了解古人所认为的地球，最后观察地球实际的模样，并由此归纳出一件孩子很早就知道的事情——我们住的地球是椭圆形球体。

每个小朋友想象中的地球都不一样……

小珍认为：地球
像个画着彩色图
案的气球，会飘
来飘去。

4

立华认为：地球像个汉堡包，上面那层是天，有星星、月亮、太阳；下面那层是地，人就住在汉堡包中间。

宗翰认为：地球像人的头，可以转来转去，表面还高高低低的。

奕宣认为：地球像个方形的盒子，人就住在盒子里。

惠雯认为：地球像个巨人，人就住在巨人的肚子里。

思婷认为：地球像一朵花，人就住在花里面。花开的时候，天就亮了；花合起来的时候，天就暗了。

晓茹认为：人就住在
三角形的盒子里，尖
尖的地方挂满星星。

　　据说，古时候的人对地球也有很多想象。古埃及人认为天是被山峰撑起来的，星星就挂在天上，山的前面有一条河，太阳坐在小船上。

据说，古印度人认为，我们住的地方是大象用背支撑起来的，大象站在龟的背上，龟又骑在蛇的身上。

还有人认为地球是平的，海水覆盖在地球表面，陆地位于大海的中央。船如果行驶到海的边缘，就会掉下去。

站在地面上，我们看到的地球是平的。

爬到山顶上，景物变小了，我们看到的地球还是平的。

往远处看，海平线看起来像一条弧线。

从热气球上往下看，房子变得更小了。看向远方，好像看到一条圆弧形的线。

再搭乘航天器到外太空。你看，这就是我们的地球。它看起来又圆又大，上面有陆地，有海洋。陆地上还住着形形色色的人呢！

这就是我们的地球家园，我们就住在这里。

水赛跑

你知道哪一种布最能吸水吗？把不同的布剪成条状，将它们的一端挂起来，另一端泡入水中，很快就知道了！赶快动手试试吧！

抹布　毛巾　无纺布　麻布　牛仔布

过几分钟，就可以知道哪一种布最能吸水了。

给父母的悄悄话：

这个游戏应用的原理是物理学上的毛细现象。做这个实验时，父母可以引导孩子去感受布和纸因厚薄、密实或疏松程度的不同，在吸水性上的差异。此外，由于每一种布和纸的吸水性都不同，它们在生活中的用途也不同。平时，父母要注意引导孩子多观察。

每一种纸都能吸水，可是到底哪一种纸的吸水性最强呢？把下面几种纸剪成条状，一端挂起来，另一端泡入水中，比比看，哪种纸最能吸水？

餐巾纸　　报纸　　　卡纸　牛皮纸　杂志纸

水"跑"得又高又快的纸条，最能吸水！

纸吸水的妙用

用餐巾纸可以擦干桌上的水。

在湿鞋里塞纸，鞋干得更快。

动物的牙齿

每种动物的牙齿长得都不一样，作用也各有不同。马可以用门齿切断长长的草和植物的叶子，再用臼齿将食物磨碎。

门齿

臼齿

22

牛和羊也吃草，不过它们没有上门牙。
吃草时，牛用嘴和舌头把草卷进嘴里，羊用
嘴和下门牙吃草，再用臼齿磨碎。

我的牙吃草没问题。

我有舌头帮忙，吃草
的本领不会输给你。

23

狮子最喜欢吃肉。它长着尖尖的犬齿，可以把肉撕下来吞进肚里。它的白齿可以帮它把肉切断。

我的犬齿和白齿都很尖，吃肉很厉害。

熊也爱吃肉，它的犬齿很大，可以把肉撕下来。它也吃嫩叶和果实，因为它的白齿可以磨碎这些食物。

我的牙齿才是最厉害的，可以吃肉，也可以吃植物。

猴子有门齿、犬齿和白齿，能吃小动物，也能吃植物的叶子、花和果实。这是因为猴子的门齿可以切断食物，犬齿可以把肉撕下来，白齿可以磨碎食物。人也有门牙、犬齿和白齿，可以吃肉，也可以吃菜。

我可以吃螃蟹。

也可以吃叶子。

球掉到水里了

小朋友们一起踢球，一不小心，球掉到水里了，这可怎么办呢？

28

自己下去捡。

找一根长棍子捞。

请大人帮忙。

给父母的悄悄话：

孩子的安全教育要在日常生活中落实。父母除了和孩子讨论球掉到水里该怎么办之外，也可以就其他可能出现的状况来讨论，如打破别人家的玻璃窗怎么办，球掉到别人的院子里怎么办等。此外，更要让孩子知道，踢球要选择适当的场所，才能避免发生意外，保护自身的安全。书中展现的生活场景，为父母与孩子提供了可以一起讨论的话题，孩子也能在讨论的过程中学习解决问题的方法。

谁 排 第 一

青椒、苹果和香蕉在草地上玩开火车的游戏，苹果排第一，青椒排第二，香蕉排第三。它们玩得正开心的时候，又来了新朋友。

紫洋葱，快来跟我们一起
玩，我让你排在我前面。

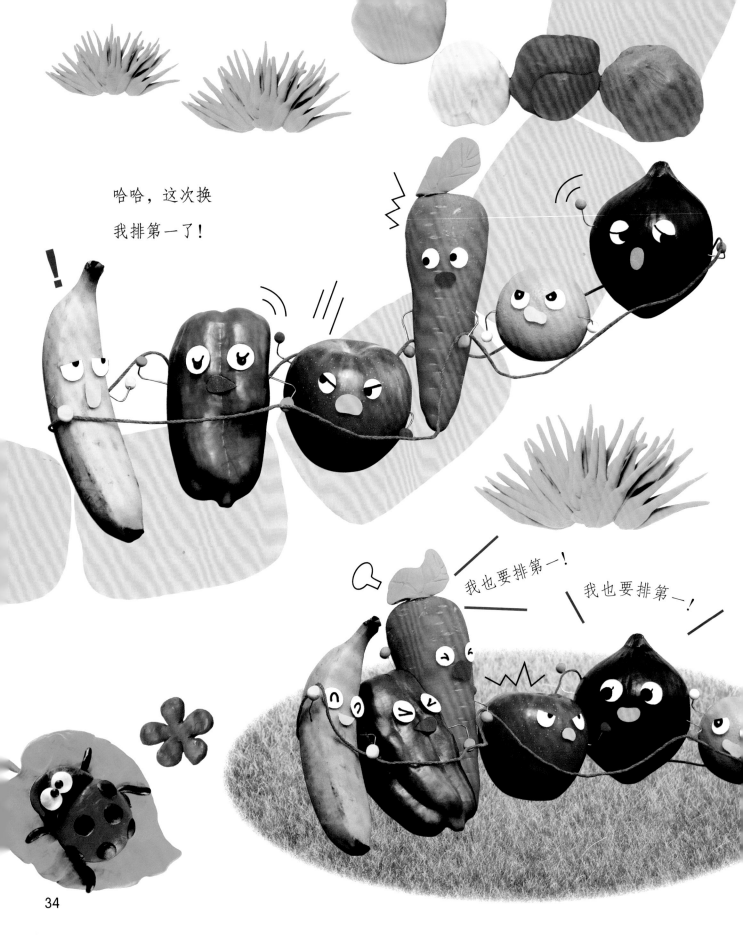

34

为了排第一，大家一边吵，一边把绳子往自己的方向拉，绳子中间的空隙越撑越大，最后变成了一个圆。

哈哈，这样我们就都是第一啦！

给父母的悄悄话：

　　蔬果们在玩开火车的游戏时，每加入一个小伙伴，排列顺序就变换一次。当大家全部向后转，顺序就又不一样了。父母可以逐一问孩子：总共有几个蔬果？苹果排第几？香蕉排第几？最后蔬果们围成一个圆圈，让孩子说说看，现在谁排第一？为什么？听听孩子对"第一"的想法和理解。

树林里的五色鸟

伟德、婷婷、爸爸和妈妈一起到山上郊游。

走在树林里，伟德听到"笃笃笃"的声音："你们听，好像是敲木鱼的声音。"

爸爸说："那是鸟叫声，鸟应该就在这片树林里，我们找找看。"

"大家闭上眼睛，听听看……"妈妈提议。

"好像是这个方向，走，我们去找找。"爸爸放轻脚步往前走。

大家睁大眼睛跟着爸爸找，却没发现鸟的踪影。

他们继续在树林里走着，没多久，又听到了"笃笃笃"的声音。爸爸赶忙停下脚步，婷婷则闭着眼睛用心听，想赶快找到鸟。

爸爸用望远镜仔细地找了好一会儿，忽然压低声音说："你们看，那棵树的树干上有一只鸟！啊，是一只五色鸟！"

伟德顺着爸爸手指的方向，好不容易才发现了那只五色鸟："真的，是一只绿色的鸟。"

婷婷把头抬得高高的，努力寻找，终于也看到了树洞口的那只鸟："啊！我也看到了，它的身上有好多颜色，好漂亮！"

妈妈说："它的羽毛是五颜六色的，所以才叫五色鸟！"

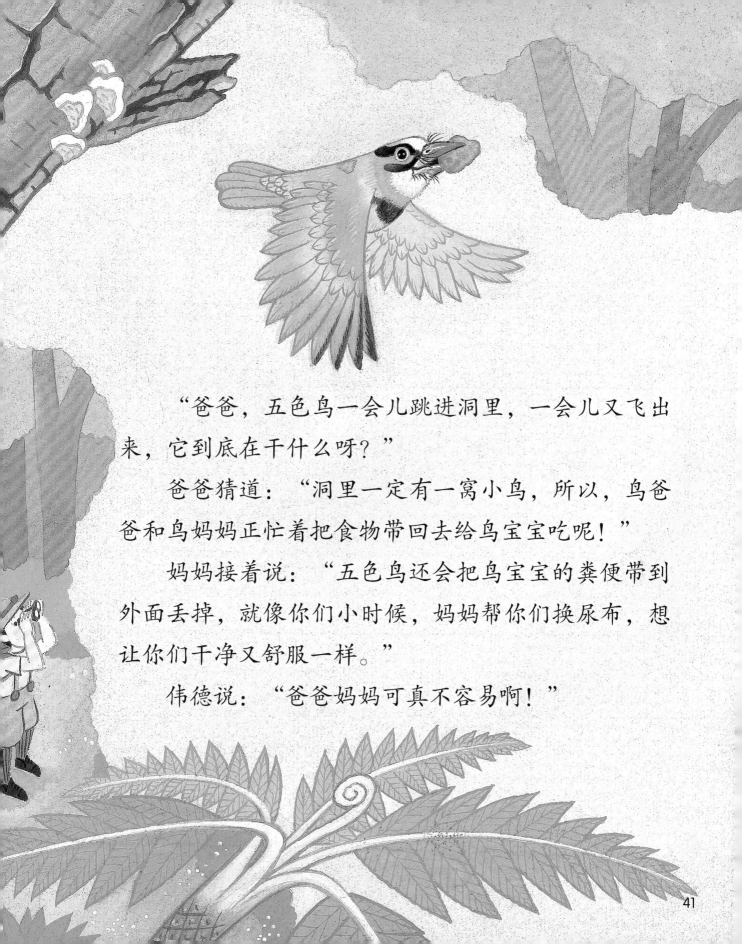

　　"爸爸，五色鸟一会儿跳进洞里，一会儿又飞出来，它到底在干什么呀？"

　　爸爸猜道："洞里一定有一窝小鸟，所以，鸟爸爸和鸟妈妈正忙着把食物带回去给鸟宝宝吃呢！"

　　妈妈接着说："五色鸟还会把鸟宝宝的粪便带到外面丢掉，就像你们小时候，妈妈帮你们换尿布，想让你们干净又舒服一样。"

　　伟德说："爸爸妈妈可真不容易啊！"

婷婷很喜欢五色鸟圆圆
胖胖的样子，她站在树下一
直盯着鸟。

"妈妈，我可不可以把院子里那
棵树也挖个洞，把五色鸟带回家？"

"我想，五色鸟应该更喜欢住在树
林里。不过，我们可以常常来
看它们！"妈妈笑着说。

大乌龟小乌龟

大乌龟，小乌龟，
聚在一起成一堆，
缩头缩尾像钢盔；
不怕你从上面捶，
不怕你从后面追，
只怕你从洞口吹，
吹吹吹吹吹吹吹。

老虎

　　老虎是猫科动物中体形较大的动物。小老虎出生后，老虎妈妈会细心地照顾它，不但帮它梳毛，清洁身体，还会叼着它，带着它到处走。小老虎长得很快，几个月大就开始学习打猎的技巧。两岁以前，它都会跟在妈妈身边，学习求生的本领。

小老虎脖子后面的皮很松，就算被妈妈叼起来，也不会受伤。